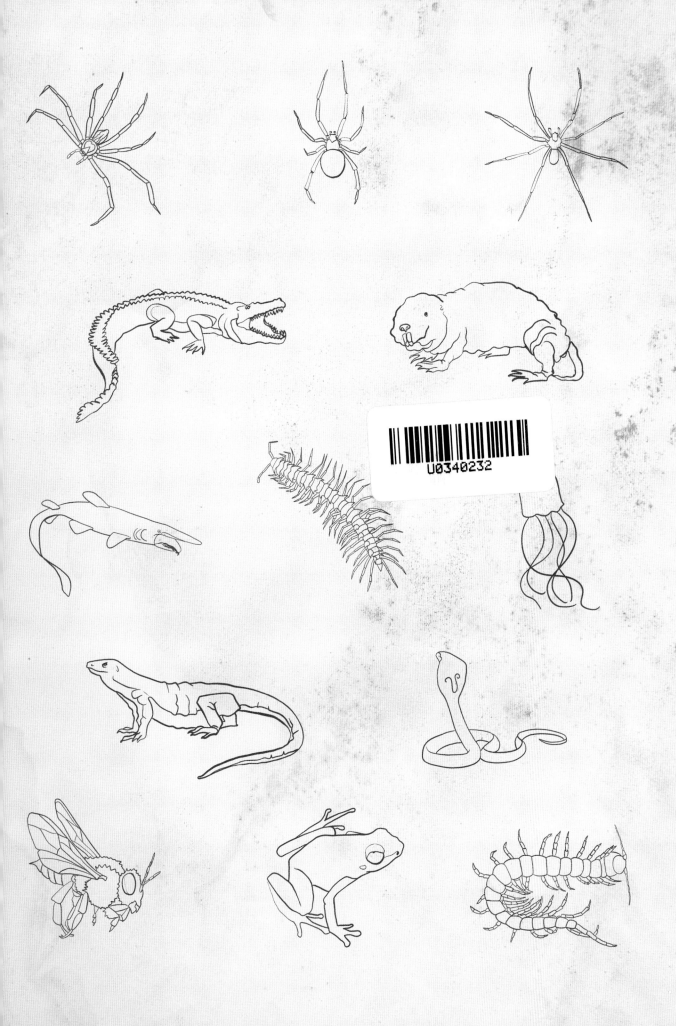

神奇动物在哪里

大自然的怪物

〔挪威〕莉娜·伦斯勒布拉滕 绘著

余韬洁 译

人民文学出版社
PEOPLE'S LITERATURE PUBLISHING HOUSE

著作权合同登记号 图字01-2021-5858

Author: Line Renslebråten
VIRKELIGHETENS MONSTRE

图书在版编目（CIP）数据

大自然的怪物 / (挪) 莉娜·伦斯勒布拉滕绘著；
余韬洁译. -- 北京：人民文学出版社, 2022
（神奇动物在哪里）
ISBN 978-7-02-016890-3

Ⅰ.①大… Ⅱ.①莉… ②余… Ⅲ.①动物—儿童读
物 Ⅳ.①Q95-49

中国版本图书馆CIP数据核字(2022)第031630号

责任编辑　卜艳冰　杨　芹
封面设计　李　佳

出版发行　人民文学出版社
社　　址　北京市朝内大街166号
邮政编码　100705

印　　制　上海盛通时代印刷有限公司
经　　销　全国新华书店等

字　　数　90千字
开　　本　889毫米×1194毫米　1/16
印　　张　8.25
版　　次　2022年2月北京第1版
印　　次　2022年2月第1次印刷

书　　号　978-7-02-016890-3
定　　价　85.00元

如有印装质量问题，请与本社图书销售中心调换。电话：010—65233595

引　言

　　有史以来，怪兽的故事总是能满足人类的猎奇心理。在很早以前，没有照相机、互联网和社交媒体的时代，人们只能从少数去过其他大陆的探险家的相关描述中了解一二，于是就有了关于异域动物的种种离奇传说和奇怪想象。

　　第一个向欧洲人描述大象的人说，他看到了一个长着巨大牙齿的巨型怪兽。水手们还讲述过关于"克拉肯"的各种故事，那是一种巨大又残忍的怪兽，能用触手缠绕整个船身，把船拖入深渊。也许，那些恐龙骨架和恐龙化石，就是这些怪兽传说的起源。

　　在这本书中，我们无须阅读神话传说就能找到怪兽。锋利的爪子、巨大的尖牙、有毒的皮肤和黏液，或者仅仅是一个可怕的外形，这样的怪兽在寒冷的两极、炎热的沙漠、湿热的丛林、最黑暗的海洋深处和摇曳的树梢上，都能被发现。

　　但别忘了，对于大自然来说，那些丑陋又危险的家伙如同那些可爱又无害的动物一样重要。

　　一般来说，只有当我们进入动物的领地，或者它们感受到威胁时，它们才会对人类构成危险。

　　来认识现实世界中的怪兽吧。

目　录

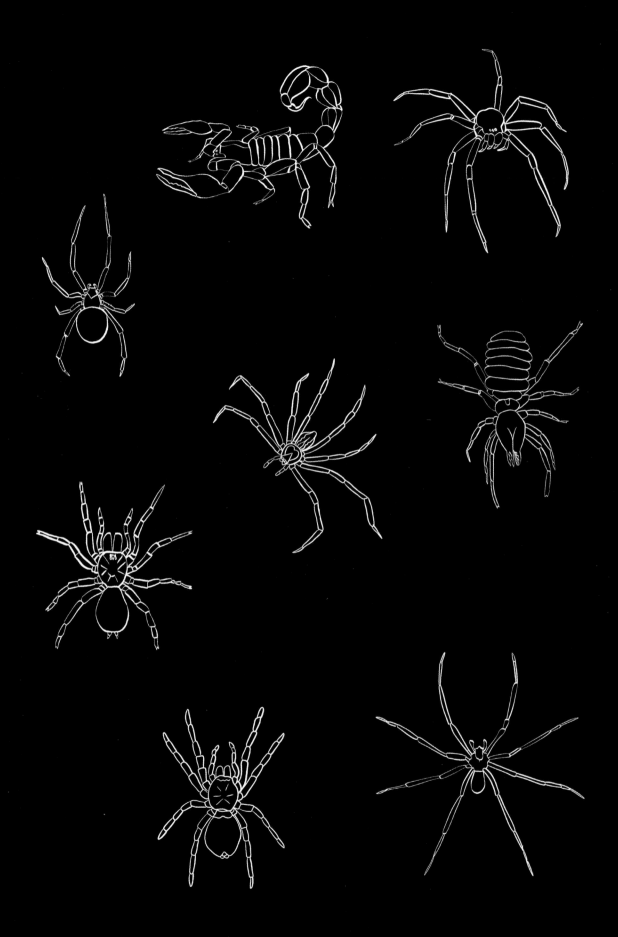

蛛形动物

蛛形动物有八条腿,而昆虫只有六条腿。它们不像许多昆虫那样有翅膀。蝎子也被认为是蛛形动物。蛛形动物生活在陆地上,其中绝大多数是掠食者。挪威的绝大多数蛛形动物实际上是有毒的,但庆幸的是,它们对人类不构成威胁,虽然有些人可能对咬伤会产生过敏反应。

世上有超过四万五千种蛛形动物。对人类有害的蛛形动物通常生活在温暖的地方。在挪威,常见的蛛形动物有四种:蜘蛛目、伪蝎目、盲蛛目和螨虫目。其中,蜘蛛目的动物大多数都会吐丝(蜘蛛网),它们让很多人感到害怕,这种恐惧症被称为"蜘蛛恐惧症"。

毒素最强的蝎子

以色列金蝎

攻击或防御方式：抬起尾巴并向前猛冲。用蝎螯（áo）牢牢抓住猎物。将毒刺刺入猎物身体并注入致命毒液。

外貌恐怖指数：9/10　　　　　　　危险指数：10/10

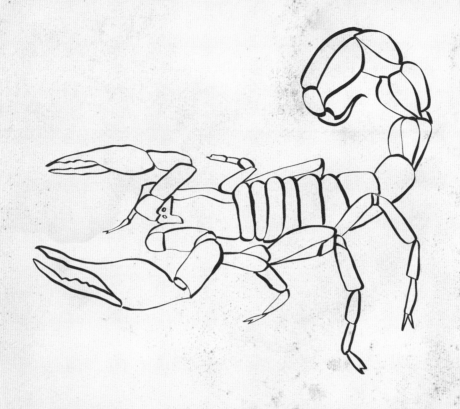

　　以色列金蝎是一种喜欢阴凉的蝎子，大多时候待在沙漠岩石下的阴凉处。夜间觅食时，喜欢潜伏在岩石底下。它经常爬到地板上成堆的衣服或鞋子里。凡是有以色列金蝎出没的地方，人们在穿衣穿鞋之前，都得抖一抖衣服、检查过鞋子再穿上。

　　死于蝎子蜇伤的人中，四分之三都是被以色列金蝎蜇伤的。它们似乎非常易怒，一旦感觉受到了威胁，就会毫不犹豫地发动攻击。这是世界上毒性最强的蝎子。毒液会攻击人的神经系统，如果没有及时接受解毒剂的治疗，轻易就能要了儿童和老人的命。

　　以色列金蝎的身体是橙黄色的，看起来就像玩具店里的塑料蝎子。然而，这可不是你该玩的玩具！

分布区域：北非和中东的沙漠地区

大小：体长可达7厘米

食物：蜘蛛、马陆和其他小型蝎子

腹部红三角警告

黑寡妇蜘蛛

攻击或防御方式： 用蜘蛛网缠住猎物。用毒螯刺入猎物体内，并注入腐蚀性的消化液。待猎物溶解后将其吸食。

外貌恐怖指数：**7/10**   危险指数：**9/10**

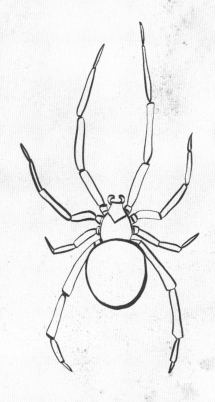

　　黑寡妇蜘蛛是北美毒性最强的蜘蛛。身长不超过二十毫米。然而，它的毒液毒性比响尾蛇的强十五倍。黑寡妇有三十一种不同种类。

　　黑寡妇的身体又黑又亮，腹部有红色斑点。这个红色沙漏状斑记的作用，就像某种三角警示牌。当它们感受到威胁时，就会展示出来。

　　黑寡妇在黑暗的角落和阴暗的地下室里潜伏着。最喜好独居，夜间出来觅食。雌性和雄性只在春天交配时相遇。而且雌性在交配后会杀死并吃掉雄性，这就是"黑寡妇"名字的由来。

分布区域：北美洲和中美洲（曾在挪威发现一次，瑞典发现十次）

大小：体长可达1.5厘米，腿展开可达2.5厘米

食物：苍蝇、甲虫、蚊子或其他蜘蛛

能咬穿皮靴的蜘蛛

悉尼漏斗网蜘蛛

攻击或防御方式：能织造漏斗状的网。在"漏斗"底部静静等待猎物。用毒螯攻击猎物并注入毒液。毒液会让猎物麻痹（bì），让它们的内脏化成液体，这样漏斗网蜘蛛就可以吸食了。

外貌恐怖指数：10/10   危险指数：10/10

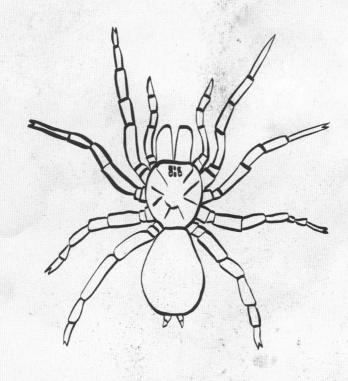

　　悉尼漏斗网蜘蛛, 这种让澳大利亚人深感恐惧的蜘蛛有一副凶猛的暴脾气。当受到惊吓时, 它们不会逃跑, 相反, 会跳到敌人身上并紧抓不放。然后它会反复咬上很多次, 而每咬一口就足以让一个成年人在几个小时之内生命垂危。

　　与大多数蜘蛛不同, 它们是雄性蜘蛛拥有最强的毒液。被咬数分钟内, 伤口就会红肿。然后, 人就会肌肉痉挛(jìng luán), 并开始呕吐。

　　这种蜘蛛咬人的毒螯并不是特别长, 但附着在强壮的肌肉上, 所以咬力之大可以让毒螯穿透青蛙的头骨。自然, 鞋子也不在话下。

分布区域: 澳大利亚悉尼市周边

大小: 体长可达3.5厘米, 腿展开可达10厘米

食物: 昆虫、爬行动物、青蛙和其他蜘蛛

世上时速最快的蜘蛛

避日蛛

攻击或防御方式： 闪电般快速出击，用大颚（è）牢牢地钳（qián）住猎物。强有力的大颚能将猎物切成小块。向猎物体内注入消化液，待猎物化成汁液后吸食。

外貌恐怖指数：7/10　　　　　　　　危险指数：5/10

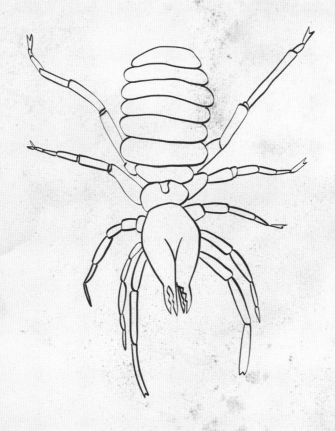

　　避日蛛是世界上跑得最快的蛛形动物。最快的时速可以达到每小时十公里。它们通常生活在沙漠中，但最喜欢待在阴凉处，总是快速移动到阳光最少的地方。因此出现了关于它们的很多传说。为了待在人类或骆驼的阴影下，它们会跟在人类或骆驼后面。

　　它们无毒，也不吐丝，喜欢在凉爽黑暗的夜晚捕食。它们的大颚强而有力，可达体长的三分之一。有了这对大颚，某些种类可以发出警示性的"咔嗒"声。

　　被这些大颚咬伤可不是开玩笑的。会产生剧痛，造成的伤口也很容易感染。一旦咬伤，建议立即就医。

分布区域：美洲、亚洲、非洲和中东炎热干燥的沙漠地区

大小：体长可达7厘米，腿展开可达15厘米

食物：从昆虫、青蛙、鸟类、啮齿动物到蛇，几乎不挑食

使皮肤溃烂的蜘蛛

棕色隐遁蛛

攻击或防御方式： 慢慢朝猎物爬去，再扑向猎物。然后用毒螯将消化液注入猎物体内。待猎物内部变成液体后吸食。

外貌恐怖指数: 4/10　　　　危险指数: 7/10

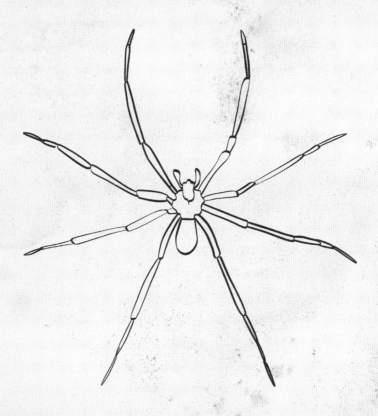

棕色隐遁蛛通常在室外气温开始变凉时，爬进地下室或车库。喜欢待在人类身边，经常是在鞋子里或是一堆衣服下面。

大多数蜘蛛有八只眼睛，而棕色隐遁蛛只有六只。身体小小的、毛茸茸的，如果受到威胁就会咬人。对毒素敏感的人被咬后，可能需要很长时间才能愈合伤口，也有可能伤口因溃烂而越来越大，难以愈合。棕色隐遁蛛的毒液会使皮肉坏死，甚至有可能出现必须切除的情况。

棕色隐遁蛛在夜间最为活跃。它们是同类相食的动物，如果有机会，会毫不犹豫地吃掉自己的同类。它们可以在没有食物和水的情况下存活几个月。

分布区域： 美国和加拿大

大小： 体长可达1.2厘米，腿展开可达2厘米

食物： 软体昆虫，如飞蛾和苍蝇，以及其他蜘蛛

世上最毒的蜘蛛

巴西游走蛛

攻击或防御方式： 扑向地上的猎物。用毒螯来上一小剂毒液。只要一点点毒液，猎物用不了多久就死了，所以不会有剧烈的战斗。

外貌恐怖指数：9/10　　　　危险指数：10/10

巴西游走蛛是世上最毒的蜘蛛,以极具攻击性而闻名。

经常躲藏在人类活动的区域附近。人一旦被咬,会剧痛无比,并可能导致心脏骤停、呼吸困难、无法控制肌肉。如今幸好有了解毒剂,但对于儿童和老人来说,仍然可能危及生命。

巴西游走蛛不织蛛网,而是主动觅食,最喜夜间在丛林的地面四处游荡。当它受到威胁时,会以后四条腿作为支撑,挥舞前四条腿,做水平方向移动。这是一场警示的舞蹈,那时你就得赶紧逃了。

分布区域:南美洲

大小:体长可达5厘米,腿展开可达15厘米

食物:小型蜥蜴、老鼠和蝗虫

蜘蛛中的大长腿

巨型猎人蛛

攻击或防御方式：捕猎时，像猫一般蹑（niè）手蹑脚靠近猎物。扑咬速度快如闪电，猎物几乎没有任何机会避开。

外貌恐怖指数：**10/10**　　危险指数：**2/10**

14

　　巨型猎人蛛,体形之巨大,让科学家们惊讶于之前竟然没有发现过它们。直到二〇〇一年,一群科学家在亚洲老挝境内人迹罕至的洞穴中才发现了它们。

　　这种蜘蛛的腿展开就有一个餐盘那么大。

　　这种蜘蛛不织蛛网,而是在穴壁上游走。它们强有力又毛茸茸的腿还能跳跃。

　　这种蜘蛛的咬伤不会致命,但也很疼,你得做好恶心、头痛和呕吐的准备。

分布区域: 东南亚老挝

大小: 腿展开可达30厘米

食物: 昆虫和小型啮齿动物

世上最重的蜘蛛

亚马孙巨人食鸟蛛

攻击或防御方式: 像猫一样偷偷接近猎物,迅速扑上去,扎入毒螯。带毒的叮咬会立刻杀死猎物。

外貌恐怖指数: **10/10**　　　　危险指数: **5/10**

亚马孙巨人食鸟蛛，这个毛茸茸的"巨人"是世上最重的蜘蛛，几乎和一只小奶猫一样重。白天待在洞穴里，夜晚在亚马孙丛林的地面捕猎。

它们的视力很糟糕，是通过感受地面的震动来狩猎的。当它们感觉有活物在附近时，会悄悄靠近。亚马孙巨人食鸟蛛有一对超大的毒螯，不过对人类来说，它们的毒性不会比胡蜂强。

亚马孙巨人食鸟蛛驱赶入侵者有好几个办法。首先，它们会摩擦腿上的刚毛。这种听起来像撕开魔术贴的声音，几米外都能听见。如果入侵者还是继续靠近，它们就会用后腿摩擦腹部，这样小小的刚毛就会掉落。这些刚毛会对入侵者的眼睛、鼻子和黏膜造成严重刺激，从而造成很大的伤害。

分布区域：南美洲

大小：体长可达12厘米，腿展开可达28厘米，体重可达175克

食物：小型哺乳动物、青蛙、蜥蜴和鸟类

昆虫和多足虫

科学家估计地球上有二百万到三千万种昆虫。从寒冷的冰川到沙漠、森林和山脉，世界上到处都有昆虫。

在动物王国中，这是种类最繁多的群体，也是拥有夺走世上最多人命的物种，比如疟（nüè）蚊。

所有昆虫都有六条腿和坚硬的外壳。它们大多数还有翅膀和触角。

昆虫对自然界很重要。它们为树木和花卉（huì）授粉，并消化、分解有机物。

本章还收入一些多足爬虫，它们其实不是昆虫，而是属于节肢动物。它们有分节的身体，身体外面也有硬壳，如蜈蚣和千足虫。

夺命最多的昆虫

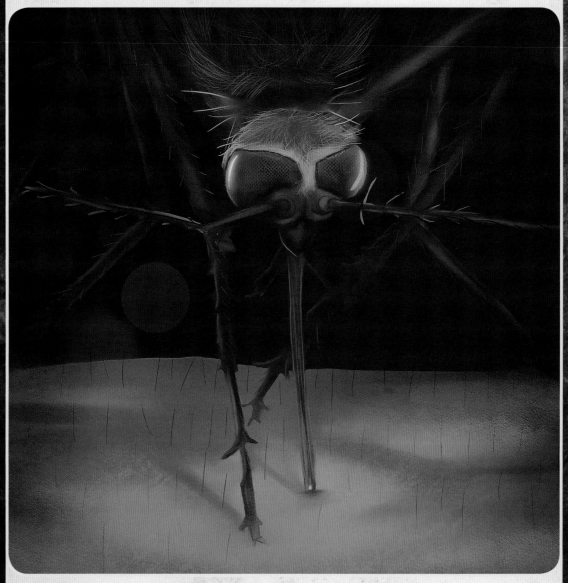

疟蚊

攻击或防御方式： 雌蚊用长长的嘴寻找猎物身上的静脉，然后用管状口器刺穿猎物的皮肤，吸食血液。

外貌恐怖指数：2/10　　　　危险指数：10/10

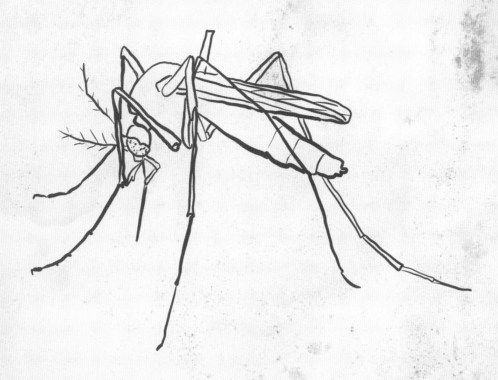

　　蚊子看起来很小，似乎没有伤害力，但是它们也可能非常麻烦。有一种**疟蚊**，携带具有传染性和危险性的疾病，即疟疾。这种昆虫遍布世界各地，几乎一半的人类都受到过它们的伤害。因此，疟蚊是造成死亡人数最多的动物。

　　它们带来的这种疾病，每年会夺走超过四十万人的生命，症状可能包括高烧、脾脏肿大和伴有黄疸。死于此病的大多数是五岁以下的儿童。

　　吸血并传播疾病的是雌蚊。因为雄蚊无法吸血，靠吸食花蜜和果汁为生。蚊子在潮湿的地方产卵，卵先变成幼虫，然后变成蛹，再发育为成虫。

分布区域：各大洲

大小：体长3毫米至15毫米

食物：血液或花蜜

会钻入皮肤的幼虫

人肤蝇

攻击或防御方式： 虫卵产在皮肤下两天后，幼虫就会钻入皮肉深处。大约两三个月后，幼虫长大并爬出。

外貌恐怖指数：0/10

危险指数：6/10

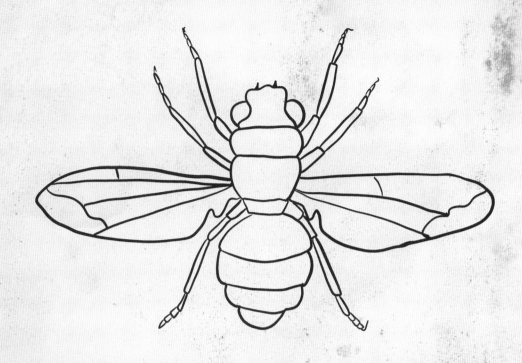

　　人肤蝇看起来像一只灰色的小熊蜂，全身都是毛茸茸的。人肤蝇是一种在其他小昆虫体内产卵的寄生虫。它们不能直接在人类或其他哺乳动物身上产卵，但可以辗转到人类的身上，比如人们被受感染的蚊子叮咬的时候。

　　人肤蝇的幼虫会深深地钻入皮肤底下。它们在那儿长大，咬食宿主，直到成年并飞出去。有报道说，曾发现过在耳朵附近被叮咬的人，整晚睡不着觉，因为幼虫在皮肤下面进食的声音让他们一直睡不着。

　　人肤蝇的幼虫会造成伤口疼痛、渗液。要把它们弄出来，就在伤口上涂抹凡士林。这样幼虫会窒息死亡，然后就可以用镊子把它们拔出来。

分布区域：中美洲和南美洲

大小：体长可达1.8厘米

食物：幼虫吃皮肉，但成虫不吃皮肉

叮咬最痛的蚂蚁

子弹蚁

攻击或防御方式： 当感受到威胁时，它们通常会集群攻击并多次叮咬。这对较小的动物来说往往是致命的。

外貌恐怖指数：4/10　　　　　　　　危险指数：6/10

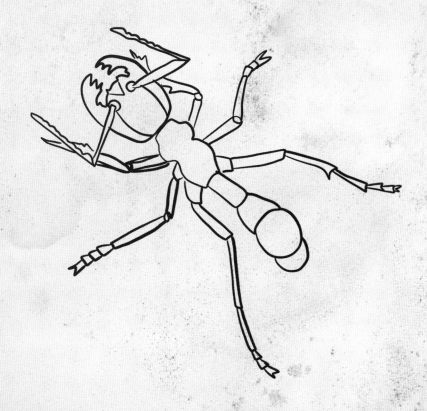

　　这种南美洲最出名的昆虫生活在亚马孙河的热带雨林中。被**子弹蚁**叮咬的疼痛就像被子弹射中一样，痛感可以持续二十四小时。此外，还得做好发烧和恶心一周的准备。来自子弹蚁螫针的刺痛，被公认为是世上最痛的叮咬。子弹蚁也是世上体形最大的蚂蚁之一，拥有巨大的上颌（hé），不过最可怕的是它们的尾刺。

　　亚马孙原住民中，有的部落会将子弹蚁用于年轻男子的成人礼仪式中。数以百计的子弹蚁被装入一只手套，参加成人礼的年轻人必须在跳舞的同时，持续戴上手套十分钟，以此证明自己能成为一个合格的战士。这个过程还得重复二十次，男孩才能成为大家眼中的成年战士。

分布区域：南美洲亚马孙雨林

大小：体长可达3厘米

食物：昆虫（包括较小的蚂蚁）、花蜜和树液

在狼蛛体内产卵

塔兰托鹰属蜘蛛蜂

攻击或防御方式： 将毒针刺入塔兰托狼蛛体内，使其麻痹，再把它拖入巢穴，在狼蛛的腹部内产卵。卵孵化后，幼虫就开始啃食狼蛛的身体。

外貌恐怖指数：**7/10**　　　　　危险指数：**6/10**

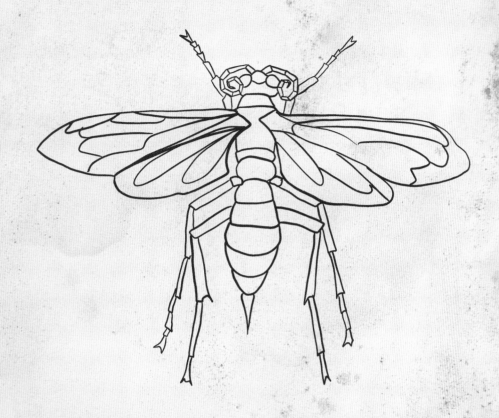

　　塔兰托鹰属蜘蛛蜂飞来时会发出低沉的"嗡嗡"声，这时你应该远远逃开。这种蜂的蜇伤是世上最痛的蜇伤之一。幸好只要人们不去招惹，它们很少会蜇人。

　　它们的蜇刺将近一厘米长，是昆虫界最长的蜇刺。如果你被它蜇了，最好的办法就是平躺在地上号叫。疼痛可能会相当惊人而强烈，让人难以忍受甚至伤到自己。幸运的是，这种疼痛很少持续超过几分钟。

　　伸开腿的塔兰托鹰蜘蛛蜂，可以覆盖成年男性的手掌。它们的名字由来，是因为雌蜂会捕猎塔兰托狼蛛。雌蜂将卵产在狼蛛体内，孵出的幼虫在成长过程中会吃掉狼蛛的内部。它们不吃狼蛛的主要器官，这样狼蛛就可以存活一个月左右，避免寄主身体过早腐烂。

分布区域：亚洲、非洲、澳大利亚、美洲
大小：体长可达5厘米，腿展开可达10厘米
食物：成蜂吸食花蜜

个大、易怒又残忍

日本大黄蜂

攻击或防御方式: 这种大黄蜂可以每小时二十五公里的速度飞行,在被激怒时,时速超过六十公里。它们会结群攻击,用近一厘米长的螫针来蜇刺猎物。

外貌恐怖指数: 6/10　　　　危险指数: 7/10

28

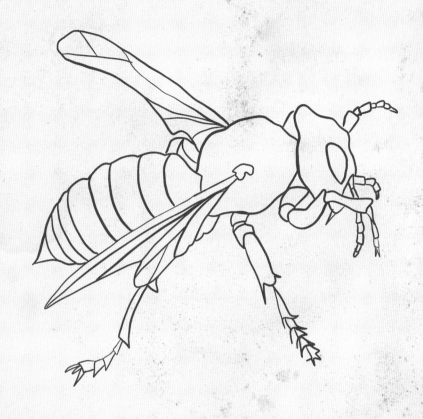

  日本大黄蜂在日本的山区，以大型群落方式生活于空心树内。蜂后身长可达整整五厘米。

  大黄蜂群落会给周围的养蜂人带来很大问题，因为这种大黄蜂一分钟就能杀死四十只蜜蜂；它们还会分泌特殊的气味，吸引更多的大黄蜂前来。如果这些大黄蜂一起进攻，可以在几个小时内杀死整个蜜蜂群。

  日本大黄蜂不仅捕食昆虫，攻击人类也毫不手软。在日本，日本大黄蜂每年造成约四十人死亡。这种刺痛，据说就像一根炙热的钉子扎进了皮肤。任何被蜇伤的人都应该尽快就医。

分布区域：东亚

大小：体长可达5厘米，翼翅展开可达8厘米

食物：蜜蜂和其他昆虫

出自实验室的杀手

非洲杀人蜂

攻击或防御方式： 结群进攻，且每只都会多次蜇刺。毒液通过螯针注入猎物体内。它们并不比其他蜂毒性更大，但它们蜇刺的频率更高，而且经常多只同时蜇刺猎物。

外貌恐怖指数：**3/10**   危险指数：**6/10**

　　杀人蜂并不是自然的产物。二十世纪五十年代，巴西科学家将非洲蜜蜂和欧洲蜜蜂杂交，打算培育一种更适合热带气候的蜜蜂。结果，他们培育的蜜蜂比普通蜜蜂更具攻击性。其中一些成功逃离了实验室，很快就遍布整个南美洲，并北上到达北美洲。这种蜜蜂臭名昭著，因为一旦有人靠近巢穴，它们就会狂暴地发起攻击。

　　杀人蜂还很喜欢征服其他蜜蜂的巢穴。它们会假装是同类，偷偷溜进别的蜂巢，然后杀死巢中原来的居民，再把自己的蜂后安插进去。

　　杀人蜂造成人类死亡的案件，也比其他种类的蜜蜂多。它们很容易被激怒，然后结群攻击，就连拖拉机或其他机器发出的振动和声响都会导致它们进攻。

　　曾有不小心靠近它们巢穴的人，被数百只杀人蜂同时攻击。杀人蜂还会追杀目标七百多米远，所以一旦被它们盯上，是很难逃脱的，尤其是儿童和老人，即使跳入水中也不一定管用，因为杀人蜂会耐心等待，直到目标再次冒出头来呼吸。

分布区域： 北美洲和南美洲

大小： 体长可达1.3厘米

食物： 花蜜

腿不少, 脾气不小

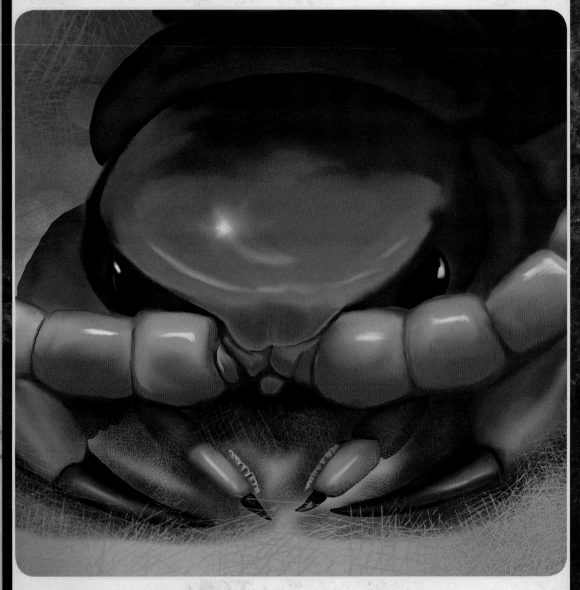

亚马孙巨人蜈蚣

攻击或防御方式: 用后足压制住猎物, 探出身体的前半部, 将毒爪刺入猎物身体中注入毒素。在进食之前, 巨人蜈蚣会用强有力的下颚将食物切割成小块。

外貌恐怖指数: 7/10   危险指数: 6/10

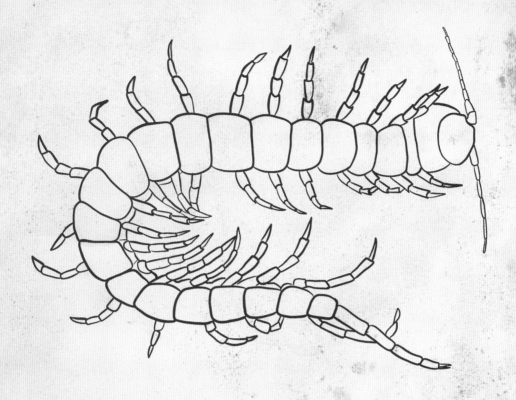

  亚马孙巨人蜈蚣体形大，有毒性，性情喜怒无常，富有攻击性，又很容易受惊吓。因此还没怎么招惹它们，它们就会发动攻击。对于人类来说，这种爬虫有剧毒，但很少会致命。

  如果被它们咬伤，通常会出现剧烈疼痛、发烧、呕吐和肿胀。

  巨人蜈蚣是一种掠食动物，会捕猎并吃掉它们遇到的大部分东西，从青蛙到蝙蝠，无所不包。

  巨人蜈蚣几乎完全失明，仅用那些能感知电场的小小感应器进行捕猎。有人或物在附近时，它们就能感知到。

  巨人蜈蚣的身体有很多体节。每段体节附有一对足，有的多达二十三对。首节的两条附肢上长有锋利的毒爪，可以刺穿猎物的皮肤。这样的身体结构，使巨人蜈蚣既能向前探出身子，又能快速发动攻击。

分布区域： 南美洲亚马孙雨林

大小： 体长可达30.5厘米

食物： 青蛙、蜥蜴、鸟、蝙蝠

艳粉色的毒物

粉龙千足虫

攻击或防御方式: 粉龙千足虫以腐败的植物为食,用鲜艳的粉红色警示其他动物它们是有毒的。

外貌恐怖指数: 3/10　　　　危险指数: 4/10

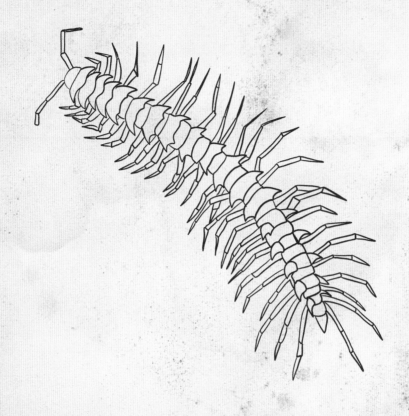

　　粉龙千足虫，这种艳粉色的千足虫于二○○七年在泰国被发现。"粉龙"这个名字，是由发现它们的研究人员建议命名的。

　　它们会散发浓烈的杏仁味。这是神经毒剂氰化物的气味，是世上最致命的毒药之一。

　　由于大多数掠食动物会避开有毒气味，所以它们可以大大方方地在地面生活。它们似乎很喜欢潮湿的天气，会在雨后从土壤中钻出来。

分布区域： 泰国乌泰他尼府

大小： 体长可达3厘米

食物： 甲虫和其他昆虫

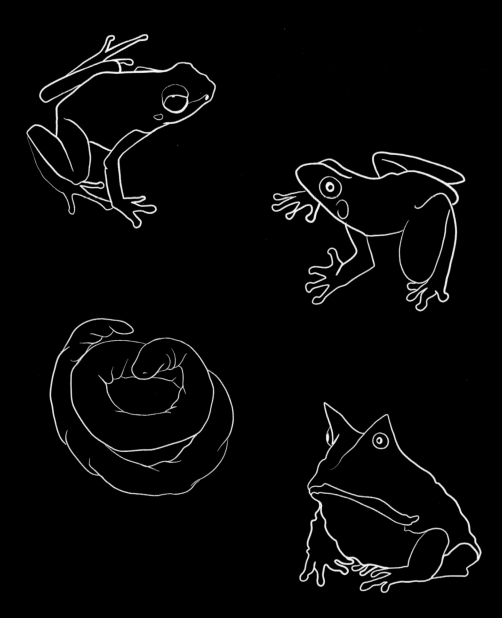

两栖动物

　　两栖动物属于脊椎动物。也就是说,它们有脊椎或脊柱。它们在地球上已经生活了四亿年。

　　两栖动物在水中产卵。它们的发育会经历三个阶段:卵、幼体、成体。幼体有长长的尾巴,用鳃呼吸,在水中生活。成体有前腿和后腿,用肺呼吸,生活在潮湿的地方,以免身体脱水。当然,有少数种类没有肺部,靠皮肤呼吸。

　　两栖动物指的是青蛙、蟾蜍和蝾螈(róng yuán)。许多两栖动物的皮肤中都有毒腺,以保护自己不被掠食动物吃掉。

　　在挪威有六种两栖动物。其中有一种蟾蜍有毒腺,如果摄入了它们的毒液,人会呕吐和皮肤瘙痒。

最毒的蛙类

黄金箭毒蛙

攻击或防御方式: 夜间捕猎。偷偷地来到猎物身边,弹出舌头(舌头是卷在嘴里的),舌头上有一种黏性物质,可以把猎物粘住,然后收回舌头就能吃掉猎物。捕猎时,不用毒液。

外貌恐怖指数: 3/10   危险指数: 10/10

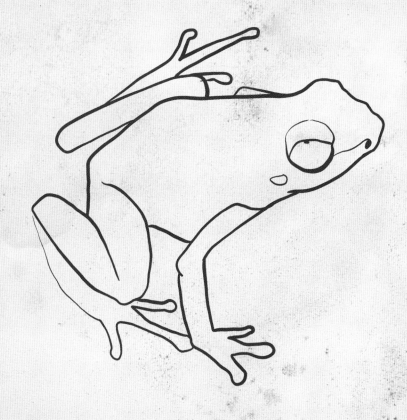

　　黄金箭毒蛙体形小，颜色鲜艳，生活在南美洲的热带雨林中。它们的颜色就是为了警告你远离。

　　两栖动物中有一条规律：颜色越漂亮，毒性就越大。黄金箭毒蛙感到紧张时，皮肤会分泌毒液。一滴毒液可以杀死十个成年男子！再凶猛的野兽，只要血液接触了箭毒蛙的毒液，就会立即死亡。

　　箭毒蛙的得名，是因为生活在热带雨林的当地人在打猎时，会在箭头上涂抹这种毒药。只要箭头浸入过这种毒液，毒性就可以保持一年。

　　科学家们认为，箭毒蛙的毒素是来源于它们的某种食物。箭毒蛙通常四至七只群聚生活。因为毒性巨大，它们几乎没有天敌。

分布区域：哥伦比亚雨林

大小：体长可达5厘米

食物：蚂蚁、苍蝇、蜘蛛和甲虫

世上最大的蛙

歌利亚蛙

攻击或防御方式： 歌利亚蛙没有足够强壮的下颚来控制猎物。然而它们行动迅速，能够出其不意地突袭猎物。它们能很快吞下整个猎物。夺走猎物生命的是它们的胃酸。

外貌恐怖指数: 6/10   危险指数: 0/10

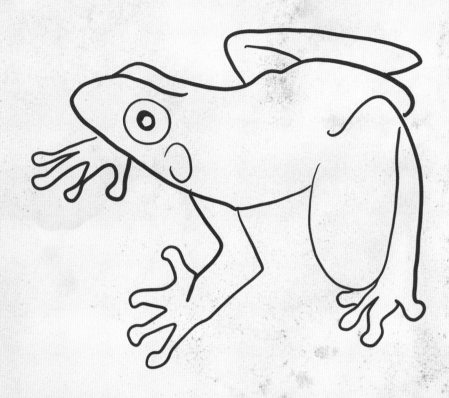

  歌利亚蛙已经在地球上生活了两亿五千万年。它们是贪婪的掠食动物，甚至连蝙蝠也吃。

  歌利亚蛙能跳三米高，腿又大又有力。包括腿在内，身长近一米，重量可以超过三公斤！

  它们对人类没有危险，尽管被激怒时它们也会咬人。歌利亚蛙没有毒性，也不会呱呱叫。因为它们缺少声囊，这通常是蛙类的发声器。

分布区域： 西非

大小： 腿部伸直时可达92厘米

食物： 螃蟹、蛇和其他蛙类

大嘴暴躁蛙

巴西角蛙

攻击或防御方式：耐心地待在树叶底下，等待猎物的到来。出击迅捷，一口就能包住猎物。

外貌恐怖指数：4/10   危险指数：4/10

　　巴西角蛙生活在热带雨林中，那里的人们为了保护自己免受咬伤，通常穿着又大又高的皮靴。角蛙隐藏在层层树叶底下。如果你靠得太近，它们会迅速攻击，狠咬一口。凭借巨大的嘴巴，它们可以吞下体积和自己差不多一样大的猎物。

　　好在角蛙无毒，但被它们咬伤还是会很痛的。而且，人们也很难发现它们。它们的体色和花纹能与地面的树叶融为一体。

分布区域：南美洲亚马孙雨林

大小：体长可达20厘米

食物：蜥蜴、啮齿动物和其他蛙类

像蛇的两栖类

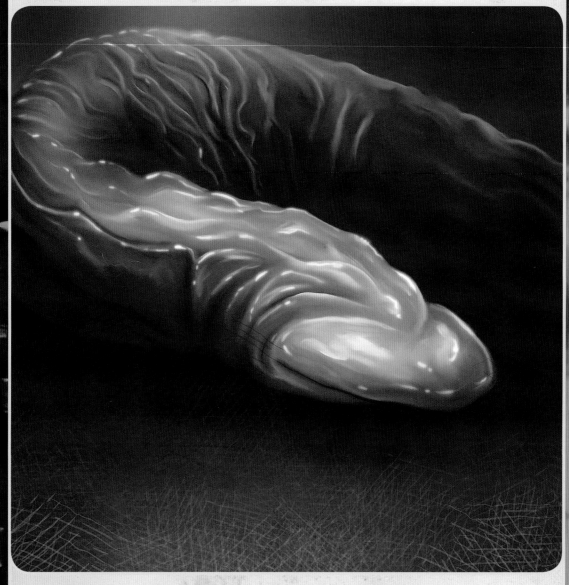

伊氏真蚓

攻击或防御方式： 未知。

外貌恐怖指数: **6/10**　　　　　　危险指数: **0/10**

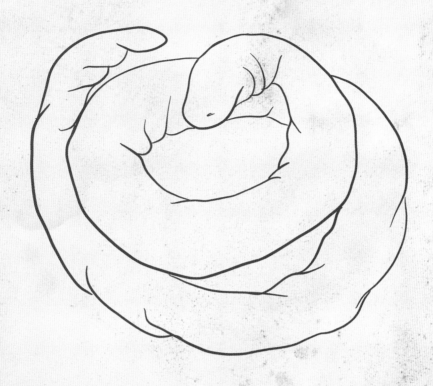

　　伊氏真蚓是一种看起来像蛇但不是蛇的两栖动物。它们既没有胳膊，也没有腿。这种灰粉色的伊氏真蚓是在二〇一一年被发现的，当时一群工程师正要排干亚马孙河附近的一个水库。人们一共发现了六条长长的灰粉色伊氏真蚓。体长近一米，双眼视力退化，几乎什么也看不见。此外，它们像刚出生的老鼠幼崽一样，粉粉皱皱的。

　　伊氏真蚓没有肺脏，却是游泳好手。

　　科学家们仍然还不知道它们吃什么，也不知道它们是怎么捕猎的。奇怪的是，在研究一条伊氏真蚓的标本时，人们在它的胃里发现了小小的石英晶体，除此就没发现别的食物了。

分布区域： 巴西

大小： 约1米

食物： 不详

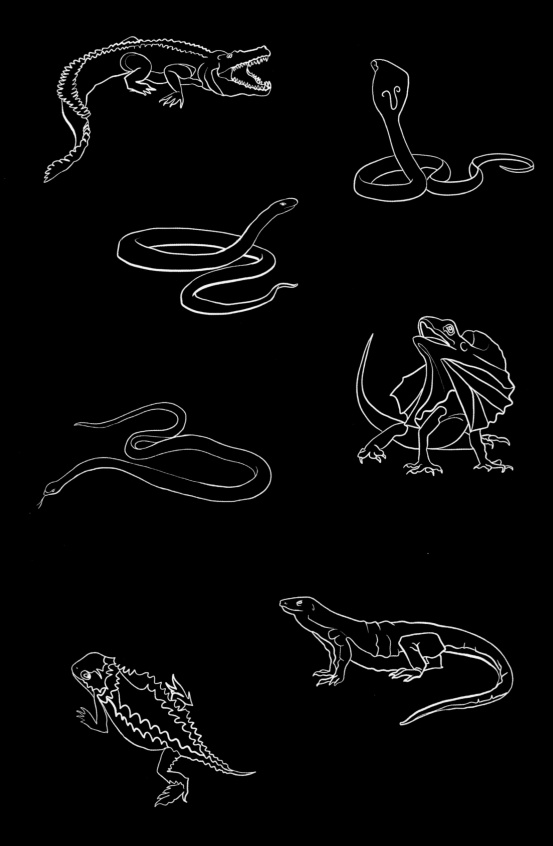

爬行动物

  爬行动物,用身体两侧的腿爬行或用腹部向前蠕动。大多数爬行动物产卵,身体被坚硬、干燥的鳞甲覆盖。

  主要种类有蛇、鳄鱼、短吻鳄、蜥蜴和龟鳖(biē)。它们是冷血动物,不能一直保持同一个体温,必须从外界获得热量,比如晒太阳取暖。

  蛇是爬行动物,有毒的蛇有六百多种。在挪威只有一种毒蛇,即蝰(kuí)蛇。

世上最毒的蛇

内陆太攀蛇

攻击或防御方式: 藏在裂隙中或岩石下等待。一旦目标出现,闪电般快速跳出,一次攻击能连续咬八下。随后撤回藏身处,等待猎物死亡。

外貌恐怖指数: 6/10

危险指数: 10/10

  内陆太攀蛇是世上毒性最强的蛇。被它咬一口产生的毒液,足以杀死一百个成年男子或二十五万只老鼠!如果没有得到解毒剂,会在半小时内危及生命。

  第一个为动物园捕捉内陆太攀蛇的人被蛇咬中,死去了。幸运的是,人们利用咬他的那条蛇制成了解毒剂。

  好在内陆太攀蛇是一种难得一见的蛇。它们生活在澳大利亚的沙漠地区,生性相当害羞。

  内陆太攀蛇的嗅觉特别灵敏,所以它们利用嗅觉来捕猎小型动物。捕猎通常在晚上,这时沙漠中较为凉爽。内陆太攀蛇会随着季节不同而变换身体的颜色。在夏季为了保持凉爽,身体是浅色的;在冬季为了保持温暖,身体是深色的。

分布区域: 澳大利亚

大小: 体长可达2.5米

食物: 小型哺乳动物和鸟类

体形最大的毒蛇

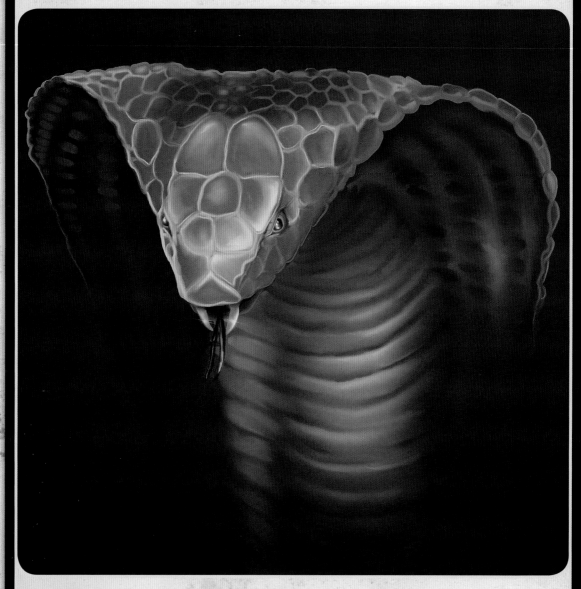

眼镜王蛇

攻击或防御方式： 从地面直立起身体的前三分之一，然后以闪电般的速度向前扑去，并用尖牙迅速将毒液注入猎物的皮肤下。

外貌恐怖指数：**7/10**　　　危险指数：**10/10**

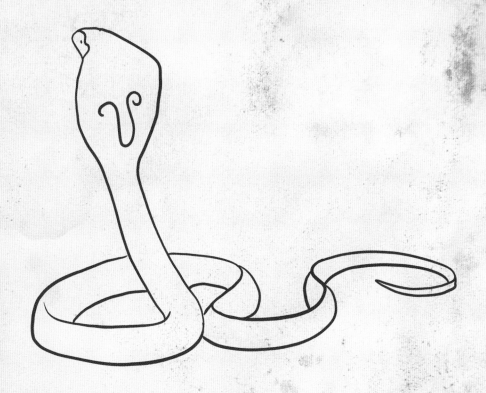

眼镜王蛇是世上体形最大的毒蛇，体重可达二十公斤。在印度教中，眼镜王蛇是一种神圣的动物，象征财富和权力。

那令人印象深刻、可以像斗篷一样张开的脖子最宽可达三十厘米。当眼镜王蛇想要让自己显得更大、更具威胁性时，它们会把脖子鼓起来，像张开的"斗篷"。如果被激怒，它们还会发出一种像狗低吠的声音。

眼镜王蛇以其他蛇类为食，因此它们的拉丁文名字的意思是"吃蛇的蛇"。眼镜王蛇一次注射的毒液可以杀死一头成年大象，或二十个成年人。

虽然它们的毒液不是毒性最强的，但咬一口释放的毒液量是最多的。一旦被咬，如果十五分钟内没有得到解毒剂，通常会危及生命。

分布区域：印度和东南亚

大小：体长可达5.7米

食物：蛇

比人跑得快

黑曼巴蛇

攻击或防御方式： 平躺在地上发出"嘶嘶"声警告，发动攻击时会猛然向前扑出。黑曼巴蛇首先用尖牙进行攻击。

外貌恐怖指数：6/10　　　　危险指数：10/10

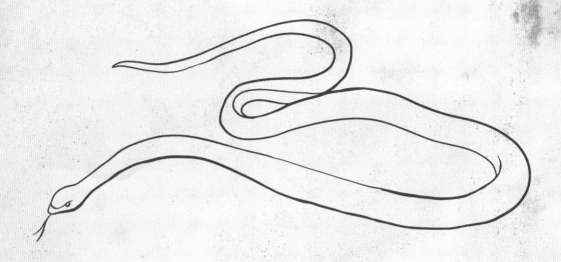

　　黑曼巴蛇是非洲最长的蛇。黑曼巴蛇在地面的移动速度，可以达到每小时二十公里，这使它成为世上移动速度最快的蛇，比大多数人类跑得还快。要是不小心招惹了它们，它们会变得非常具有攻击性。

　　当首次发起攻击时，它们通常会连续咬多次，每咬一口都会将大量毒液注入对方体内。如果被咬伤而没有得到解毒剂的话，只需二十分钟就会有生命危险。

　　黑曼巴蛇不是黑色的，而是灰色或微微发黄的颜色。皮肤上有大量的光滑鳞片。之所以被命名为黑曼巴蛇，是因为它的嘴巴内侧是黑色的。当感受到威胁时，它们就会张开黑色的大口。

　　黑曼巴蛇生活在空心的树上或岩石间的裂缝中，喜欢白天出来捕猎小动物。

分布区域：非洲

大小：体长可达5.4米

食物：鸟类和小型哺乳动物

戴领圈的"龙"

褶 (zhě) 伞蜥

攻击或防御方式： 捕猎时，会闪电般一口吞下蚂蚁或其他小动物。

外貌恐怖指数: 9/10   危险指数: 0/10

  褶伞蜥的英文名是"bicycle lizard"，意思是自行车蜥蜴。因为它们感到紧张时，会用两条后腿奔跑，速度超快，看起来好像它们骑在轮子上一样。

  褶伞蜥生活在树上，但产卵在地下的巢穴中。如果感受到威胁，它们会撑开颈部的皱褶，然后张开大嘴高声嘶叫，样子看起来特别唬人，像是怒龙一般。

  褶伞蜥很少攻击人类，不过确实也发生过这样的事，好在它们既没有毒性，也没有特别的攻击力。

分布区域：澳大利亚和新几内亚

大小：85厘米长

食物：昆虫和小型动物

有毒的嘴

科莫多巨蜥

攻击或防御方式： 经常结群攻击。噬 (shì) 咬时，口腔会分泌毒液，让猎物的伤口无法凝血。等到猎物流血过多而倒地时，蜥群会将猎物撕成碎片。

外貌恐怖指数: 9/10   危险指数: 9/10

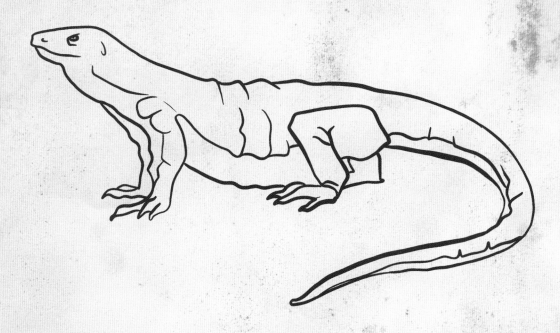

　　科莫多巨蜥是一种喜怒无常、智商较高的蜥蜴，也是世界上最重的蜥蜴。科莫多岛的当地人称它们为"陆地上的鳄鱼"。

　　科莫多巨蜥是贪婪好吃的动物，甚至会吃同类的幼仔。为防止被吃掉，幼蜥通常会待在树上，或把身体滚上粪便。成年科莫多巨蜥有时也吃死去的动物尸体。

　　科莫多巨蜥捕猎时，靠舌头嗅闻气味。它们有强大有力的下颌，可以吞下一整头小猪。雌蜥在不交配的情况下，也能产下受精卵，因为雌性能够产生替代精子的细胞，使卵细胞受精。

　　科莫多巨蜥的咬伤有毒。在过去的四十年里，有四人因此而丧生。在科莫多巨蜥的下颌中，会产生可导致麻痹的毒液。当它们咬伤猎物时，毒素就会进入血液。猎物可能会大量失血，因为毒素会抑制血液凝结，导致猎物因失血过多而死亡。当然，这种巨蜥的咬合力也很强，被它们咬一口，成年男性的腿也会断成两截。

分布区域： 印度尼西亚科莫多岛

大小： 体长可达3米，体重超过170公斤

食物： 鹿、水牛、猪、其他小型哺乳动物和蜥蜴

喷血防身术

沙漠角蜥

攻击或防御方式： 让浑身长满棘（jí）刺的身体膨胀，从眼睛下方的腺体中喷出难闻的鲜血，以防御敌人。

外貌恐怖指数：**5**/10   危险指数：**0**/10

  沙漠角蜥是一种小型蜥蜴。背上有尖刺,头上有小角。如果有捕食者靠近,它们一开始会让自己隐形:完全静止不动,让身体的颜色与周围环境融为一体。要是这招不管用,它们就会把身体膨胀成一个带尖刺的气球。如果这还不能吓跑敌人,它们就会从眼睛下方的小孔中喷出鲜血。

  就算捕食者咬住了沙漠角蜥,也会很快将角蜥从嘴里吐出来。因为,那血的味道尝起来非常糟糕。

  沙漠角蜥的种类很多,至少有七种会喷血。它们对人类不构成危险。

分布区域: 墨西哥、美国西部

大小: 体长可达15厘米

食物: 昆虫

每年夺走四十人

湾鳄

攻击或防御方式： 以水下的"死亡翻滚"而闻名——用下颚牢牢咬住猎物，在水中不停翻滚，直到猎物被淹死。它们可以在水下张开嘴巴，因为它们的咽部有一个闭合部位。

外貌恐怖指数: 10/10 　　　　危险指数: 10/10

　　湾鳄是世界上最大的爬行动物，体重可接近一吨。它们的血盆大嘴可以一口咬碎人的骨头。任何移动的东西都可能成为它们攻击的目标，所以靠近它们时请务必小心。

　　在湾鳄活动区域，建议离水保持三米远，以免受到攻击。湾鳄每年杀死二十至四十人，这比死于鲨鱼袭击的人数多。湾鳄最喜欢在夜间捕猎。它们耐力很好，可以长距离游泳。

　　湾鳄是产卵的，巢穴的温度决定了小鳄鱼的性别。如果温度较为凉爽，孵出的小鳄鱼就会变成雌性；当温度较高时，它们就会变成雄性。

分布区域： 澳大利亚、印度和东南亚

大小： 体长可达8米

食物： 从鱼类、鸟类到哺乳动物，什么都吃

哺乳动物

　　哺乳动物产下活的幼仔，并给幼仔喂奶，还照顾它们，直到它们长大能自食其力。哺乳动物有超过五千个不同种类。哺乳动物是脊椎动物，有恒定的体温。

　　绝大多数哺乳动物生活在陆地上，但也有少数种类在水中生活，还有些会飞。它们的体形差异很大，大到一百六十吨的蓝鲸，小到两克的犬吻蝠。

　　哺乳动物既有食肉的，也有食草的。

触须作眼睛

星鼻鼹 (yǎn)

攻击或防御方式： 用触须确定猎物位置，覆有鳞甲的脚末端有强壮而锋利的爪子，可以轻易抓住猎物。

外貌恐怖指数：5/10   危险指数：0/10

星鼻鼹什么也看不见。它们大多生活在地下，可以在没有视力的情况下生存。不过星鼻鼹的鼻子周围有二十二根肉色的触角或者说触须。

它们的触须上有两万五千个被称为"艾玛氏器"的感觉器官。

这些小小的触须可以快速地移动。上面的传感器每秒可以触碰十二种不同的东西。有其他动物在附近时，星鼻鼹可以感觉到这些动物周围空间中的电场。研究表明，它们的鼻子可以在地震爆发前探测到地震。

星鼻鼹喜欢在潮湿的地方生活。它们是潜水和游泳能手，也是为数不多的在水下有嗅觉能力的动物之一。

冬天到来前，星鼻鼹会在尾部储存脂肪。于是尾巴便会膨胀起来，变成原来的四倍粗。这些脂肪在几乎找不到食物的冬天要用上整整一冬。

分布区域：加拿大和北美洲

大小：体长可达20厘米

食物：鱼、蠕虫和昆虫

吃自己的粪便

裸鼹鼠

攻击或防御方式： 为了保卫领地，会用大门牙来咬和驱赶入侵者。

外貌恐怖指数：5/10   危险指数：0/10

　　裸鼹鼠与刺猬和豚鼠都有亲缘关系。它们并不是完全没有视觉，只不过它们在地下隧道中奔跑时，小小的眼睛大多时候是闭着的。

　　裸鼹鼠一生都生活在黑暗的地下。它们以大型群落的方式生活在一起，群落中有鼠后、工鼠和兵鼠。它们在地下的生活区域可以有六个足球场那么大。兵鼠保卫它们的领地免受掠食动物的侵害。工鼠一生中大部分时间都在挖掘。

　　裸鼹鼠的上下门牙非常长，但是它们可以像使用筷子一样灵活地使用自己的长门牙。由于植物的块茎和块根难以消化，所以它们偶尔也会吃自己的粪便，这样食物就被消化了两次，使里面的营养物质更容易被完全吸收。

　　裸鼹鼠的寿命可达三十年以上，是寿命最长的啮齿类动物。科学家对裸鼹鼠感兴趣，还因为它们已被证实几乎不会患上癌症。兴许破解癌症的秘密就藏在裸鼹鼠体内？

分布区域： 非洲（索马里、埃塞俄比亚和肯尼亚）

大小： 体长可达13厘米

食物： 植物的块茎和块根

长獠牙的鹿

原麝（shè）

攻击或防御方式： 在交配季节，为争夺雌性，雄性会互相攻击并用犬齿厮（sī）打。

外貌恐怖指数：5/10   危险指数：0/10

　　野外的**原麝**很少见，因为它们非常害羞，喜欢独居。雄性有獠牙，可长达七厘米。这獠牙不是用来捕猎的，而是用来和其他雄性打架的。它们可以用长长的獠牙把对方伤得很重。

　　原麝在夜间最为活跃。原麝有完全灭绝的危险，因为它们曾被过度猎杀。

分布区域：东北亚，在南西伯利亚最为常见

大小：体长可达90厘米，身高可达60厘米

食物：草、苔藓和树叶

传说中的"吸血鬼"

圆形叶口蝠

攻击或防御方式: 用牙齿在猎物的皮肤上切开一个小口,接着用舌头舔舐(shì)血液。

外貌恐怖指数: 7/10   危险指数: 3/10

  圆形叶口蝠，又被称为吸血蝠。它们喜欢生活在黑暗的洞穴和废弃的建筑物中。白天睡觉，天黑时醒来，然后飞出去寻觅血液。

  这种蝙蝠经常落到马、牛和猪的身上，偶尔也落到人类的身上。它们行动轻盈机警，落在猎物身上吸血半小时，猎物可能也丝毫不会察觉。

  有圆形叶口蝠出没的地方，建议在夜间打开的窗户外加上格栅。圆形叶口蝠很危险，并不仅仅因为它们吸血，还因为它们会传播疾病，例如狂犬病。

  圆形叶口蝠的鼻子上有热传感器。它们用这些热传感器来寻找吸血的最佳位置。如果两天没有吸到血，它们就会死亡。幸运的是，有时饱餐过的圆形叶口蝠会可怜饥饿的同胞，会把血倒流出来哺喂它们。

分布区域： 从墨西哥南至整个南美洲

大小： 体长可达9厘米，翼翅展开可达18厘米

食物： 血液

指谁谁死?

指猴

攻击或防御方式: 无攻击性。

外貌恐怖指数: **6**/10 危险指数: **0**/10

马达加斯加岛的当地人有许多关于**指猴**的传说。据说，如果你看到一只指猴，你身边就有人会死。如果指猴用它长长的中指指着你，死的人就会是你自己。这些传说可能来自指猴可怕的外表。

指猴有着黄色的大眼睛和皮革般强韧的耳朵。手指又长又尖，有锋利的爪子。每只手的第三根手指长长的，瘦骨嶙峋。

指猴是唯一使用回声定位的灵长类动物：使用发出声音并聆听声音的回声这种方式，来寻找食物、互相交流或是在黑暗中找路。

分布区域：马达加斯加雨林

大小：体长可达40厘米

食物：昆虫幼虫和成虫

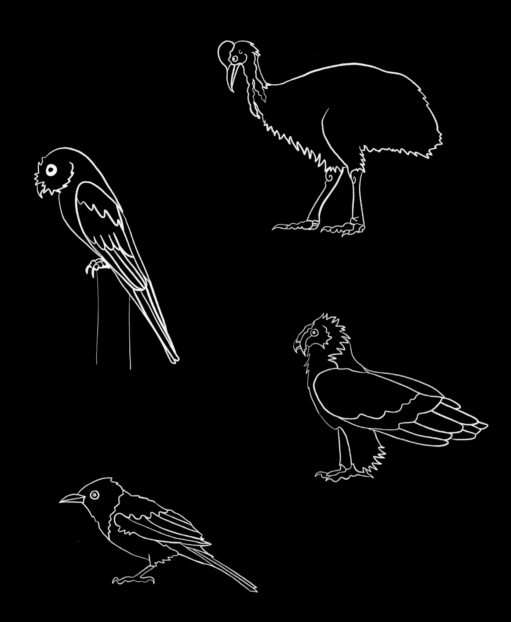

鸟类

　　所有的鸟都有羽毛和喙(huì)，还有翅膀和中空的骨架，绝大多数可以飞行。鸟类产卵，和哺乳动物一样是温血动物。

　　它们的体形千差万别，大如鸵鸟，小如蜂鸟。鸟类是恐龙——历史上最大的真正怪兽——最近的亲属。

装树的鸟

大林鸱 (chī)

攻击或防御方式： 蹲在高高的树枝上，发现目标后俯冲而下，发动闪电般快攻。

外貌恐怖指数: 7/10   危险指数: 0/10

　　大林鸱很容易通过那双大而突出的黄色眼睛辨认出来。它们喜欢蹲在高高的树枝上，静静地等待小动物的到来，发现目标后再俯冲下去。大林鸱很贪吃，人们经常在它们的胃里发现小型鸟类。它们的喙很小，嘴裂却很宽，小小的喙后面藏着一张大大的嘴。

　　一天中的大部分时间，它们都静止不动，布满灰斑的羽毛是绝佳的伪装，让它们看起来就像树的一部分。

　　大林鸱的眼睑（jiǎn）上有微小的裂缝，即便闭上眼睛，它们也可以看见周围发生了什么。大林鸱发出的尖叫声非常可怕，会让大多数人背脊发凉。它们在夜间活动，经常对着月亮号叫，由此产生了许多神话传说。

分布区域： 南美洲

大小： 体长可达60厘米

食物： 甲虫、飞蛾、蚱蜢和蝙蝠

世上最危险的鸟

双垂鹤鸵

攻击或防御方式：用脚趾前端尖刀般尖利的爪子踹向入侵者。

外貌恐怖指数：7/10　　　　　　　危险指数：8/10

78

　　双垂鹤鸵也许是现存最像恐龙的鸟。它们不会飞,但奔跑的速度可达每小时四十公里,还能一跃蹿到一米多高的空中。以不惧死亡的凶狠和锋利的爪子来捍卫自己的领土。它们的脚踢产生的攻击力被誉为动物界最强悍的脚踢之一,并且发起攻击时毫不犹豫。那些离双垂鹤鸵领地太近的人,很容易被它们的锋利爪子夺去性命。

　　双垂鹤鸵拥有美丽的黑色和蓝色的羽毛,头顶有一块骨质头冠,可以保护它们的头部在战斗时或者在茂密的热带雨林中奔跑时不受伤。

　　双垂鹤鸵的尖叫声在五公里外都能听到。它们还具有异常好的听力和视力。如今,在野外已很难见到它们。它们是濒临灭绝的珍稀鸟类。

分布区域: 澳大利亚和新几内亚的雨林地区

大小: 身高可达1.8米

食物: 植物、水果和小型动物

身藏剧毒的鸟

黑头林鹍鹟（jú wēng）

攻击或防御方式：皮肤和羽毛中含有毒素，可以防止被掠食动物吃掉。

外貌恐怖指数：**1**/10　　　　　　　　　危险指数：**3**/10

　　黑头林鵙鹟拥有一身黑色和橙色的羽毛，看起来很漂亮。但披着美丽外表的它们，是世上最毒的鸟。如果你用手触摸它们，你的皮肤会立即开始刺痛，然后会感觉皮肤好像在燃烧，最终变得完全麻木。这个效果可以持续几个小时。

　　一位研究人员说，他曾把这种鸟的一根羽毛放在舌头上，结果舌头麻木了几个小时。有关这种鸟是如何变得有毒的，或者为什么会有毒，科学家们的解释并不一致。因为每只鸟的毒性各不相同。部分人认为，毒素可能来自它们食用的一种含有毒液的拟花萤甲虫，而鸟对这种毒素是免疫的。

　　黑头林鵙鹟是一种以小家庭群居的鸟类，它们互助合作来保卫群体，以及喂养幼鸟。

分布区域： 新几内亚

大小： 体长可达23厘米

食物： 甲虫和其他昆虫

骨头粉碎机

胡兀鹫

攻击或防御方式: 先从高处俯冲下来,抓住乌龟之类的猎物后飞到空中,把猎物朝石头丢下,使猎物的骨头或硬壳摔碎。

外貌恐怖指数: 4/10   危险指数: 0/10

　　胡兀鹫主要以骨髓和骨头为食。过去,它们曾被称为"骨头粉碎机"。胡兀鹫夹带着呼啸的风声俯冲下来,用爪子抓起死去动物的残骸,再从高高的空中将残骸摔到岩石上。这样,动物的骨架就粉碎成了胡兀鹫可以吃的碎块。

　　据说胡兀鹫可以俯冲下来抓走小牛犊、小羊羔甚至小孩子。所幸这些可能只是神话传说。不过胡兀鹫喜欢血液和红色,它们会被红色的东西吸引,比如树上的红叶或是一块红色的织物。

　　颜色是胡兀鹫的身份象征。它们会在身上抹上血液和泥土,好让羽毛呈现红橙色,似乎在它们眼中颜色越红越美丽。

分布区域: 南欧、非洲、印度和西藏地区

大小: 体长可达110厘米,翼翅展开可达280厘米

食物: 动物尸体的骨髓和骨头,有时也吃活的蜥蜴和乌龟

鱼类

　　鱼是冷血动物。它们有鳍、鳃和脊椎。早在恐龙统治地球之前，鱼类就在地球上出现了，已有超过四亿五千万年的历史。

　　已知鱼类超过三万两千种，但可能还有更多，因为只有不到三分之一的海洋被探索过。鱼类可分为三大类：无颌鱼（如八目鳗）、软骨鱼（如鲨鱼）和硬骨鱼（如鳕鱼）。

　　鱼有各种形状和大小，从十多米到不足一厘米都有。食性也很多样，从肉食性到草食性，什么样的都有。

好斗的巨嘴

勃氏新热鳚

攻击或防御方式: 遇到入侵者,会张开上下颌,亮出大大的嘴。

外貌恐怖指数: 7/10　　　　　　危险指数: 0/10

    勃氏新热鳚,乍一看外貌似乎很普通,但当感受到威胁时,它们会把嘴张成一个巨大的口子,露出长着锋利小牙的整个颌部,大多数鱼都会吓得后退。嘴张开之后,会变成原来的四倍大。

    这种鱼以凶猛捍卫领地而闻名。如果有入侵者想要靠近,它们就会变得非常凶悍,会毫不犹豫地发动攻击,无论入侵者大小,不把对方赶走决不放弃。

    当两只雄鱼相遇,它们打架的方式就是把嘴张大,然后朝对方压过去。嘴巴最大的那方获胜。勃氏新热鳚最喜欢住在海底的小洞穴里,但它们自己不会挖洞。

分布区域: 加利福尼亚太平洋沿岸海域

大小: 体长可达30厘米

食物: 小型鱼类和章鱼卵

河中怪兽

歌利亚虎鱼

攻击或防御方式：潜伏等待，再闪电般快速出击。用锋利的牙齿捕捉和撕咬猎物。

外貌恐怖指数：8/10　　　　危险指数：5/10

88

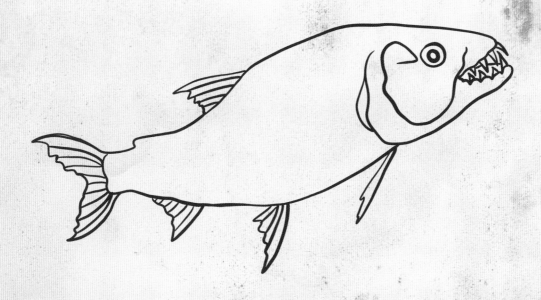

　　歌利亚虎鱼，是刚果河中唯一一种不怕鳄鱼的鱼。事实上，它们可以吃掉小个头的鳄鱼。

　　刚果河流域的当地人都非常惧怕这种鱼，认为它们会攻击人类。出去钓歌利亚虎鱼的人一定要小心，如果没有任何防御，就把这样一条鱼拽上船，你可能会被那剃刀般锋利的牙齿咬伤。因为这种鱼几乎没有嘴唇，牙齿又长在颚骨的最外侧，而且牙齿的长度近三厘米，所以那一口牙齿看起来真的很吓人。当上下颌骨咬住猎物时，可以将猎物一切两半。如果你的鱼钩钓上了一条歌利亚虎鱼，那么它经常会把整个鱼竿都拽走或者把渔线挣断。

　　歌利亚虎鱼有良好的视力，能感觉到来自其他动物的振动。歌利亚虎鱼最喜欢在激流中生活。

分布区域：非洲刚果河流域

大小：体长可达153厘米

食物：鱼类

海洋"吸血鬼"

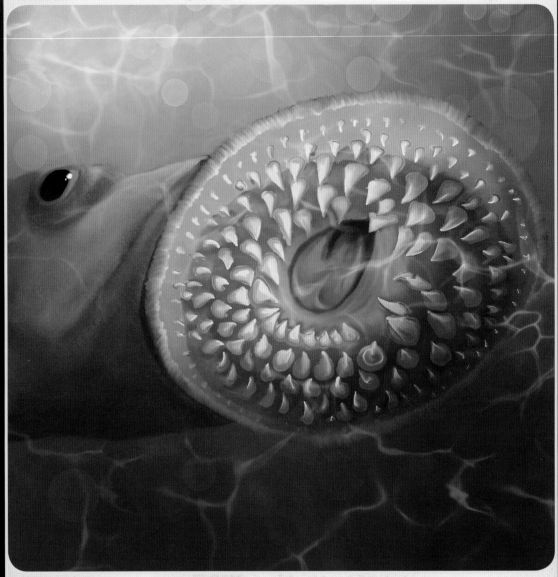

海八目鳗

攻击或防御方式: 牢牢吸附在猎物的表皮上,用锋利的牙齿切开猎物的表皮,让鲜血涌出,然后用长而粗糙的舌头吮吸猎物的血液和体液。

外貌恐怖指数: 8/10   危险指数: 3/10

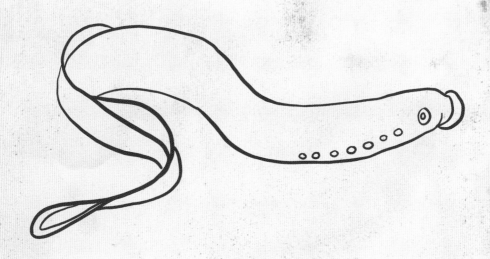

　　海八目鳗是一种寄生鱼类,靠吸食其他动物的血液为生。它们在淡水水域繁殖,而且繁殖速度非常快,很容易泛滥成灾。在西班牙和葡萄牙,海八目鳗被视为美味佳肴。

　　海八目鳗能很快杀死其他物种。为了防止它们在生态脆弱的河流和湖泊中泛滥,人们不惜在水下投放毒物或安装电栅栏。

　　海八目鳗身体长长的,包着一层黏黏的液体,头部没有颌骨,只有一张圆嘴,上面是几排锋利的牙齿。它们就是用嘴将自己吸附在其他鱼的身上,并吸食它们的血液和体液。大型动物经受一次攻击能幸存下来,但小型鱼类会因流血过多或之后的感染而死亡。

　　海八目鳗只在春天进行繁殖,之后便死去。海八目鳗曾袭击过游泳的人,给他们留下了丑陋的伤口。

分布区域: 大西洋和北美海岸以及欧洲部分地区,包括挪威海岸

大小: 体长可达50厘米

食物: 其他鱼类的血液和体液

会叫的食肉鱼

食人鱼

攻击或防御方式： 捕猎时会先攻击猎物的尾巴和眼睛。最喜欢结群攻击。

外貌恐怖指数: 7/10

危险指数: 0/10

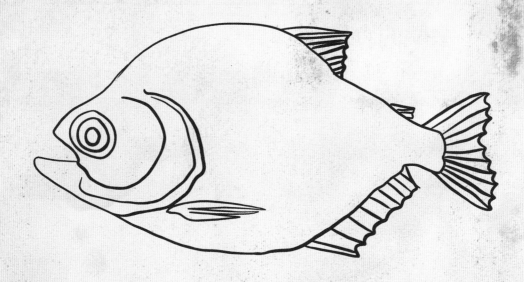

　　食人鱼创造的传说故事非常多，在鱼类中没有能超过它们的。一提到它们，大多数人的眼前就会浮现出一大群正向游泳的人们扑去的食人鱼。幸好这些传说很少是真的。

　　许多食人鱼是肉食动物，但它们不会攻击活人，动物死去后会成为它们的食物。不过，如果缺乏食物的话，它们可能会吃同类。

　　食人鱼有超强的咬合力和锋利的牙齿。牙齿的形状很像刀片。最初巴西原住民把它们称为"食人鱼"，只是因为它们长有牙齿。

　　它们可以发出三种不同的声音：一种是被渔民钓起时发出的声音；另一种是当它们感觉受到威胁时，为了警告对方而发出的声音；第三种声音和前两种有很大不同，前两种声音是用鱼鳔（biào）发出的，听起来像是吠叫，而第三种声音是它们用牙齿互相摩擦发出的，目的是为了吓跑入侵者。

　　食人鱼实际上有超过三十个不同种类，这种鱼在南美洲已经生活了数百万年。

分布区域：南美洲

大小：依据种类不同，体长14厘米至43厘米不等

食物：鱼类、水生甲壳动物、昆虫、种子、水草或掉入水中的动物尸体

世上最毒的鱼

玫瑰毒鲉 (yóu)

攻击或防御方式： 一动不动，将自己伪装成一块石头等待着，直到猎物靠近它们的嘴，再张开嘴一口咬住猎物。这种鱼的颌部非常强大有力，可以把猎物吸进去并整个吞下。

外貌恐怖指数：**8/10**　　　　　　危险指数：**10/10**

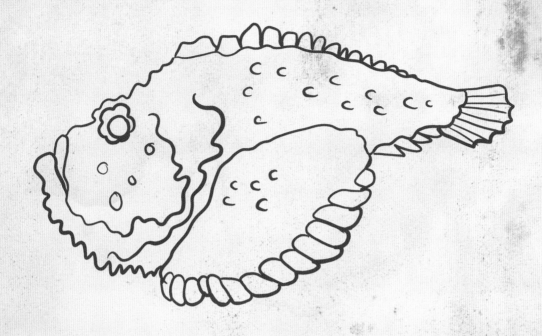

　　玫瑰毒鲉又称为石头鱼,是少数可以在陆地上存活长达二十四小时的鱼之一,毒性非常强。

　　玫瑰毒鲉很难在海底被发现,因为它们安静得就像一块石头,身上的瘤状突起和多样的体色使它们能与海底的礁石融为一体。

　　在澳大利亚沿海游泳时,必须小心脚踩到的地方。石头鱼的背部有刺,含有致命的神经毒素,一踩到它们,毒刺就会刺入皮肤,使毒液深入脚部。刺伤会让人剧痛,毒素可以在一个小时内危及人的生命。热水可以分解毒素,但在很多情况下,你必须有解毒剂。这种解毒剂是澳大利亚一年中向民众发放次数最多的解毒剂之一。

分布区域: 太平洋、红海和印度洋以及澳大利亚沿岸

大小: 体长可达50厘米

食物: 小型鱼类和水生甲壳动物

高效的猎手

大白鲨

攻击或防御方式：捕捉海豹时，会游到猎物下面，通常以合上大嘴的方式，自下而上发起攻击。

外貌恐怖指数：**7/10**　　　　　危险指数：**6/10**

大白鲨能嗅到海洋中百万分之一浓度的血液气味，也是海洋中最大的掠食动物，是一位了不起的猎手。大白鲨喜欢独居，只有交配的时候才会聚在一起。它们生长缓慢，直到十岁才成熟。

大白鲨是攻击人类最多的鲨鱼种类，但据说，攻击的原因是游泳的人看起来像海豹或海龟，这是它们喜欢吃的动物。通常它们不攻击人。

大白鲨拥有敏锐的感受器，可以捕获水中其他动物周围的电场。这让它们的捕猎更加容易。大白鲨一餐可以吃掉一整只海豹。

大白鲨没有眼睑，但可以将眼球向内转动，以防止战斗时眼睛受伤。因此，它们在攻击时几乎是看不见的。

分布区域: 世界各大洋

大小: 体长可达6米

食物: 鱼类、其他鲨鱼、海豹、海狮、海龟和小型鲸鱼

像捕鼠器的下颌

黑柔骨鱼

攻击或防御方式: 弹出下颌,上面针尖一样锋利的牙齿能将猎物一口咬住,同时缩回下颌,把猎物送入腹内。

外貌恐怖指数: 8/10　　　　危险指数: 0/10

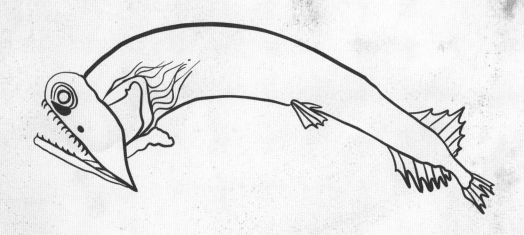

　　黑柔骨鱼生活在五千米深的水下。这里没有多少动物可以活下来，来自水体的压力可以压碎人体，但黑柔骨鱼很好地适应了。它们是深海最奇怪的鱼类之一。

　　黑柔骨鱼为了生存，已经发展出一种非常特殊的骨骼：它们的下颌是镂空的，而且能以闪电般的速度弹出去，就像捕鼠器的弹簧机关那样，猛地咬住猎物。

　　黑柔骨鱼也是少数带有发光器官的鱼，能发出红色的光。绝大多数鱼类和水生甲壳动物无法看见黑柔骨鱼发出的红光，所以黑肉骨鱼可能会利用这种红光来寻找食物。

　　与许多深海鱼类不同，它们会一直待在深海，很少为了寻找食物向上游。黑柔骨鱼极其罕见，因此人们对它们知之甚少。

分布区域：热带海洋5000米深的水域

大小：体长可达30厘米

食物：鱼类和水生动物

世上最丑的动物

水滴鱼

攻击或防御方式: 无

外貌恐怖指数: **9**/10　　　　　危险指数: **0**/10

水滴鱼凝胶般的身体几乎没有肌肉，所以它们没有捕猎或游泳的力气，只是在一千二百米深的海底漂浮着，食物就是那些漂进嘴里的东西。

在深海海域，来自水的压力是极大的。对水滴鱼来说，这反而是好事，因为周围水的压力让它们凝胶状的身体聚成了一团。一旦被捕捞上岸，它们就慢慢变成了一摊柔软的粉红色果冻。

二〇一三年，致力于保护濒临灭绝的丑陋动物的"丑陋动物保护协会"将水滴鱼评选为世界最丑动物。从那以后，水滴鱼就成了该协会的官方吉祥物。

分布区域：澳大利亚和新西兰沿岸600米至1200米深的水域
大小：体长可达30厘米
食物：浮游生物和漂浮的食物碎屑

嘴能伸缩的鲨鱼

欧氏尖吻鲛

攻击或防御方式： 游得不快，静静地潜伏在暗处。等时机一到，能伸缩的嘴会带上锋利牙齿一起弹出去，猛地咬住猎物。

外貌恐怖指数：**10/10**   危险指数：**0/10**

欧氏尖吻鲛其实是鲨鱼的一种。这种鲨鱼已经在地球上生活了一亿两千五百万年，被称为活化石。它们的鼻子又长又平，可能会让人想起船桨。鼻子下方有一个突出的嘴巴，一张嘴满是尖牙。

欧氏尖吻鲛在捕猎鱼类或章鱼时，可以用闪电般的速度伸出上下颌，使嘴巴张得更大，以便吞下个头很大的猎物。好在它们只出没于深海，人们永远不会遇到它们。

欧氏尖吻鲛可以感受到水中很轻微的波动，它们的鼻子覆盖着微小神经细胞，可以捕捉水中的电场。因此小鱼想逃脱这种掠食性鱼类并不容易。

大多数鲨鱼的皮肤是灰色的，但欧氏尖吻鲛看起来是粉红色的。这是因为它们的皮肤是透明的，皮肤下面那些微小血管使皮肤看起来成了粉红色。

分布区域：世界各地海洋100米至1500米深的水域

大小：体长可达4米

食物：鱼类

满口是牙的巨嘴

巨口鱼

攻击或防御方式：用发光拟饵将小鱼诱入张开的大嘴中,再用长而锋利的牙齿咬住猎物。

外貌恐怖指数: **10/10**　　危险指数: **0/10**

巨口鱼生活在四千五百米左右深的海域，那里漆黑一片。巨口鱼会发出红外线，类似猎人夜间狩猎时使用的光学瞄准镜发出的光。红外线对巨口鱼的猎物来说，是不可见的。因此，它们可以在不被发现的情况下看到猎物。

巨口鱼是已知的唯一一种眼睛里含有叶绿素（植物中的绿色物质）的生物。这让它们能借助红外线视物。它们的身体修长，外表光滑，没有鱼鳞。又长又尖的牙齿从嘴里伸出来，甚至舌头上都有像牙一样的突起。

雌鱼的下巴下面有一个发光拟饵。奇怪的是，只有雌鱼有牙齿和发光拟饵。雄鱼体形小，没牙，也没有拟饵，寿命只够活到繁殖期。

分布区域： 热带海洋1500米至4500米深的水域

大小： 体长可达40厘米

食物： 鱼类和其他水生动物

伞一样的嘴

鹈鹕鳗

攻击或防御方式: 在无边的黑暗中,用尾巴上的光吸引猎物,然后悄悄靠近。等到足够接近猎物时,合拢巨大的大嘴,把猎物包在嘴里。

外貌恐怖指数: 8/10　　　　　　危险指数: 0/10

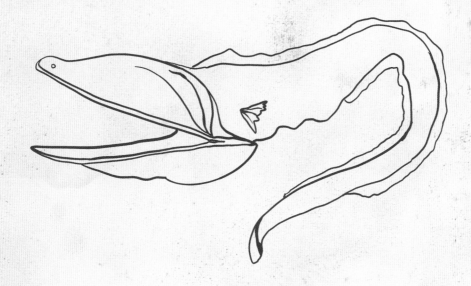

　　鹈鹕鳗是一种外形奇特的深水鱼，嘴几乎占体长的一半，眼睛位于嘴巴的顶端，下颌有很大的弹性。

　　鹈鹕鳗可以吞噬比自身大的猎物。它们捕猎的那些鱼，几乎还没注意到危险就已沦为腹中餐了。

　　鹈鹕鳗在尾巴末端有发光拟饵。拟饵既能迷惑猎物，又能吸引猎物。它们的嘴巴就像一把大伞，包住猎物后迅速合拢。

分布区域： 热带海洋3000米深的水域

大小： 体长可达80厘米

食物： 鱼类和其他水生动物

世上最长的牙

蝰蛇鱼

攻击或防御方式: 用发光拟饵引诱猎物。用锋利的牙齿攻击并扎伤猎物。猎物被嘴内侧较小的牙齿叼住,一直送到喉咙里。

外貌恐怖指数: 10/10

危险指数: 0/10

108

蝰蛇鱼的外形很像一条蛇。身上闪烁着会发光的斑点,这些斑点被称为"发光器"。这些斑点在两千米深处的无边黑暗中迷惑并吸引着小鱼。蝰蛇鱼是海洋中最奇怪、最优秀的猎手之一。

从第一背鳍处伸出一个发光拟饵,悬在巨嘴前,被诱骗的猎物朝着锋利牙齿游去……它们的嘴比身体还宽,下颚可以张成直角,因此可以吞下自身一半大小的猎物。

蝰蛇鱼拥有世界上相对于体长来说最长的牙齿。因为牙齿太长了,它们都没办法好好合上嘴。

它们白天生活在海洋深处,到了晚上,可能会上游到海面。

分布区域: 热带海洋200米至2500米深的水域

大小: 体长可达35厘米

食物: 鱼类和其他水生动物

鱼界的"狼人"

巨水狼牙鱼

攻击或防御方式： 闪电般快速向猎物游去，用长长的尖牙刺穿猎物。

外貌恐怖指数：**8/10**　　　　　　　　　危险指数：**3/10**

　　巨水狼牙鱼是一种掠食性鱼类，性情凶猛，游动快速，体格强健，有"水中狼人"的绰号。因为它们的下颚长有四厘米长的尖牙，就像传说中长着尖牙的狼人。它们的上颚有两个给长尖牙准备的凹槽，这样嘴巴闭合时可以隐藏尖牙。捕猎时，它们用尖牙来刺穿小鱼。

　　巨水狼牙鱼深受那些前往亚马孙河想要体验挑战的垂钓者的欢迎。

　　用钓鱼竿将这种鱼钓上船时，需要特别小心，否则会被尖牙伤到。但到目前为止，还没任何报告显示，它们会对人类造成严重伤害。

分布区域： 南美洲亚马孙河流域

大小： 体长可达120厘米

食物： 较小的鱼类，尤其是食人鱼

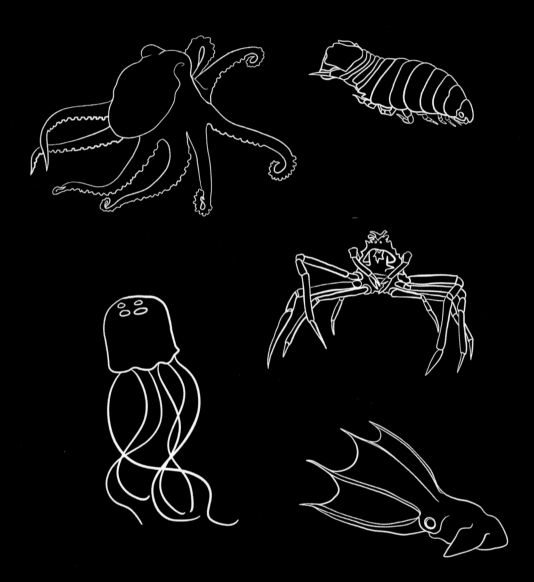

其他水生动物

  所有在水中度过一生的动物都被称为水生动物，它们存在于海洋、湖泊、河流、溪流和池塘中。

  从海平面以下，直到万米深海，生活着不同的物种。从各类乌贼、章鱼、水母、水生甲壳动物到浮游动物，它们有各种大小和形状。

有毒的章鱼

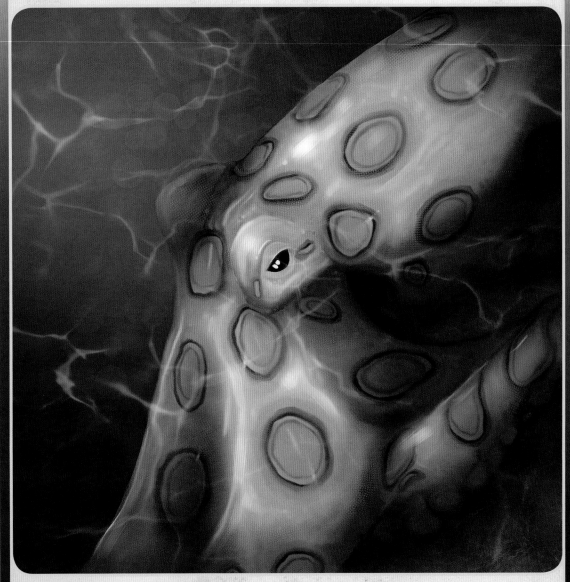

蓝环章鱼

攻击或防御方式: 用身体底部带有毒液的鹦鹉喙状口咬食猎物。

外貌恐怖指数: 5/10　　　　危险指数: 10/10

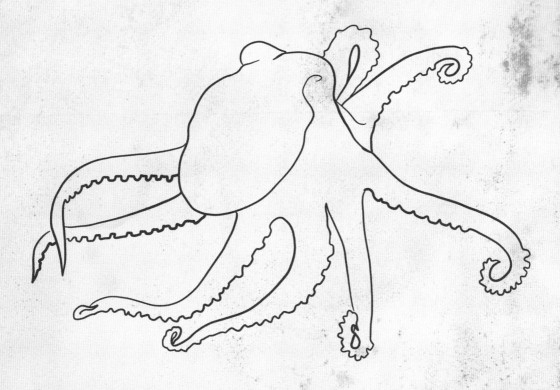

蓝环章鱼既美丽又致命。身体是黄色的,上面布满蓝色和绿松石色的圆环。当蓝环章鱼感受到威胁时,身上的颜色会变得更深。

蓝环章鱼被认为是世界上毒性最强的海洋生物之一。它们生活在珊瑚礁中,在那里捕食小型水生甲壳动物。

蓝环章鱼的身体底部有一个强有力的口器。这个口器能夹碎螃蟹和虾的壳。如果被激怒或感受到威胁,它们会攻击人类。一旦遇上它们,即使人类穿着潜水服也不安全。蓝环章鱼的毒液非常厉害,可以穿透潜水服。

蓝环章鱼虽小,但它们的毒液足以杀死二十六个人。毒素能使全身肌肉麻痹,最后导致人的呼吸停止。被蓝环章鱼袭击,一个成年男子可能会在几分钟内死去。

分布区域: 太平洋和印度洋的珊瑚礁

大小: 体长可达20厘米

食物: 水生甲壳动物

能钳断手指

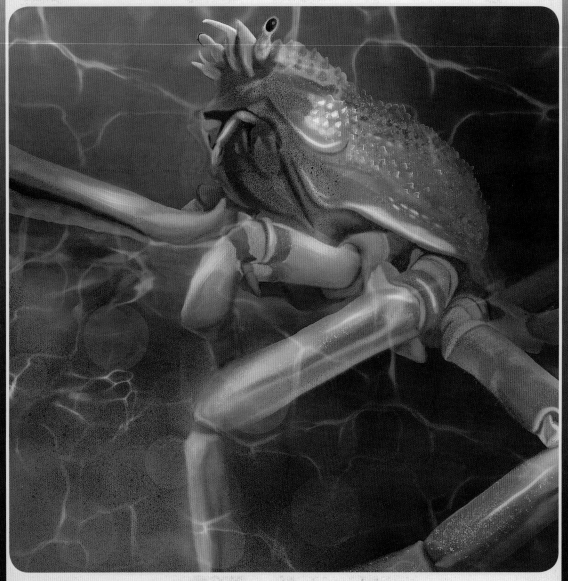

日本巨型蜘蛛蟹

攻击或防御方式： 用又大又坚硬的蟹钳夹住猎物。

外貌恐怖指数: 9/10　　　　危险指数: 3/10

　　日本巨型蜘蛛蟹能活近一百年，身长可以超过一个成年男性的身高。作为巨大的肉食动物，自然会让人类产生恐惧。从古时候起就有关于巨型蜘蛛蟹将水手拖下水，把他们活活吃掉的故事。好在这些只是传说，并非事实。

　　它们吃海中死亡的动物，所以对人类来说，并没有什么危险。不过仍需小心，它们的蟹钳非常强壮有力，足以钳断人的手指。这种螃蟹最初被水手发现时，有报告说捕捉它的人受到了很大的伤害。

　　日本巨型蜘蛛蟹有长长的蜘蛛状的腿，蟹腿伸开时，从一边爪尖到另一边爪尖可以长达五米多。靠着这些强壮的蟹爪，它们在海底能快速移动，也可以轻松打开牡蛎和蛤蜊。如果日本巨型蜘蛛蟹失去了一条腿或一个爪子，这个部位可以在两三年内重新长出来。

分布区域：日本沿海300米深的水域

大小：蟹腿伸展可达5.5米

食物：基本不挑食，大部分海底能吃的东西都可作为食物

吸血鬼披风

吸血鬼乌贼

攻击或防御方式: 释放发光黏液来迷惑那些想要靠近的敌人。把被囊往外翻,露出带尖刺的触手。

外貌恐怖指数: 6/10　　　危险指数: 0/10

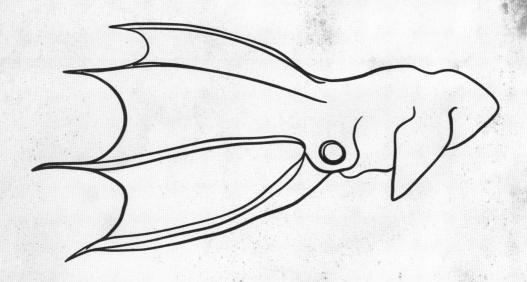

　　吸血鬼乌贼最喜欢在一千米深的冰冷海水中生活。它们可能早在三亿年前就存在于地球上了。

　　吸血鬼乌贼因红色的眼睛和触手之间翻转自如的被囊而得名。它们的被囊看起来就像吸血鬼的斗篷,使它们在游泳的时候,看起来像是在水中飞翔。

　　海洋深处几乎没有食物可吃。因此,吸血鬼乌贼每周只能吃上两三次。

　　这种乌贼的整个身体都布满了能发光的"发光器",可以迷惑捕食者。当吸血鬼乌贼感受到威胁时,还可以将被囊外翻,露出里面带尖刺的触手来吓跑入侵者。

分布区域: 300米至3000米深的海域

大小: 体长可达30厘米

食物: 漂浮在水中的有机物残骸和碎屑

吃舌头的怪兽

缩头鱼虱

攻击或防御方式： 它们从鱼鳃进入鱼的口腔，在那里牢牢固定住自己，开始寄生生活。

外貌恐怖指数：6/10   危险指数：1/10

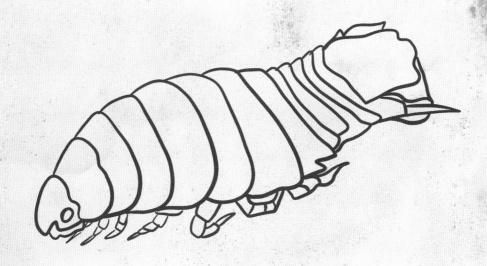

    缩头鱼虱又名食舌虱,与生活在海滨的水虱有亲缘关系。这种小型节肢动物是生活在鱼身上的寄生虫。为了繁殖,它们还可以改变自己的性别。

    雄虱一般寄生在鱼的鳃中,而雌虱会爬进鱼的嘴里,附在鱼的舌头上吸血,直到鱼的舌头只剩下一小块舌根,它们就作为鱼的新舌头,和鱼一起度过余生。

    缩头鱼虱在鱼的嘴里可以生活得很舒适,依靠鱼的血液和体液,它们能活得很好。

    如果钓到了以缩头鱼虱为舌的鱼,一定要注意,千万别把手指伸进鱼的嘴里。缩头鱼虱咬起来会很用力,而且不会轻易松口。

分布区域: 从加利福尼亚湾到厄瓜多尔的瓜亚基尔湾的海域,水深可达60米

大小: 体长可达3厘米

食物: 鱼的血液和体液

世上最毒的水母

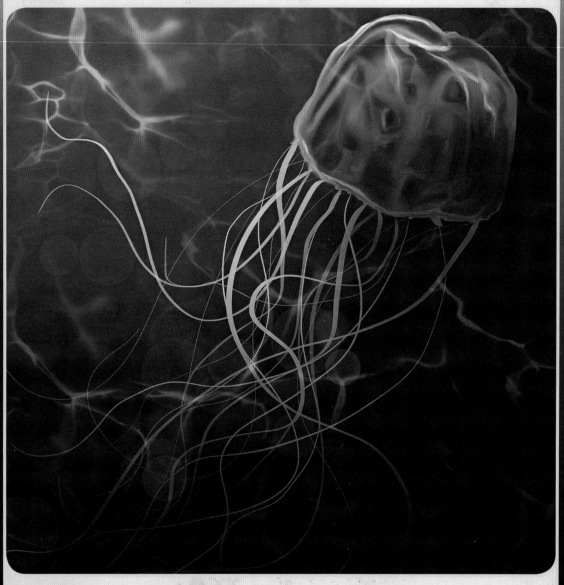

海黄蜂

攻击或防御方式： 每根触须都带有剧毒，可以很快杀死猎物，使猎物几乎没有反抗和伤害它们纤细脆弱触须的机会。

外貌恐怖指数：**2/10**　　　　　危险指数：**10/10**

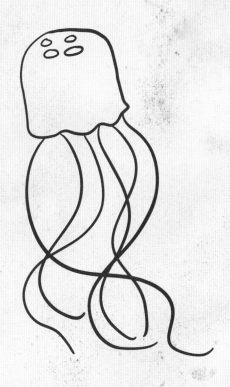

海黄蜂的身体呈凝胶状，看起来没有什么威胁。但是，这种水母可以在几分钟内杀死一个成年人，有数据统计以来，已近百人因它们而死。因此，它们是世界上最毒的海洋动物。

和大多数水母一样，海黄蜂会游泳。游速虽不超过四节*，但作为水母来说，已经很快了。

海黄蜂的身体两侧各有一小簇"眼睛"，使它们也有一点点视力；有助于捕猎小鱼和小虾。

它们的身体是方形的，下方拖着长长的触须，触须上长着许多充满毒液的小刺。毒液中的毒素会攻击受害者的心脏、神经系统和皮肤细胞。当人被蜇后疼痛感非常强烈，可能还没游上岸，人就进入休克状态或心脏骤停。那些侥幸活下来的人，皮肤上会留下被海黄蜂触须蜇过的明显疤痕。

分布区域：澳大利亚海岸以北至越南海滨
大小：体长可达30厘米，触须可长达3米
食物：鱼和虾

*专用于航海的速率单位，1节的速度为每小时1海里（1852米）。